本书受上海市教育委员会、上海科普教育发展基金会资助出版

世界上最大的恐龙
——形体背后的科学

图书在版编目(CIP)数据
世界上最大的恐龙: 形体背后的科学 / 顾洁燕主编. – 上海: 上海教育出版社, 2016.12
（自然趣玩屋）
ISBN 978-7-5444-7340-8

Ⅰ. ①世… Ⅱ. ①顾… Ⅲ. ①恐龙 – 青少年读物
Ⅳ. ①Q915.864-49

中国版本图书馆CIP数据核字(2016)第287991号

责任编辑 芮东莉
黄修远
美术编辑 肖祥德

世界上最大的恐龙

——形体背后的科学

顾洁燕 主编

出　版 上海世纪出版股份有限公司
上 海 教 育 出 版 社
易文网 www.ewen.co
地　址 上海永福路123号
邮　编 200031
发　行 上海世纪出版股份有限公司发行中心
印　刷 苏州美柯乐制版印务有限责任公司
开　本 787 × 1092 1/16 印张 1
版　次 2016年12月第1版
印　次 2016年12月第1次印刷
书　号 ISBN 978-7-5444-7340-8/G·6049
定　价 15.00元

目录

CONTENTS

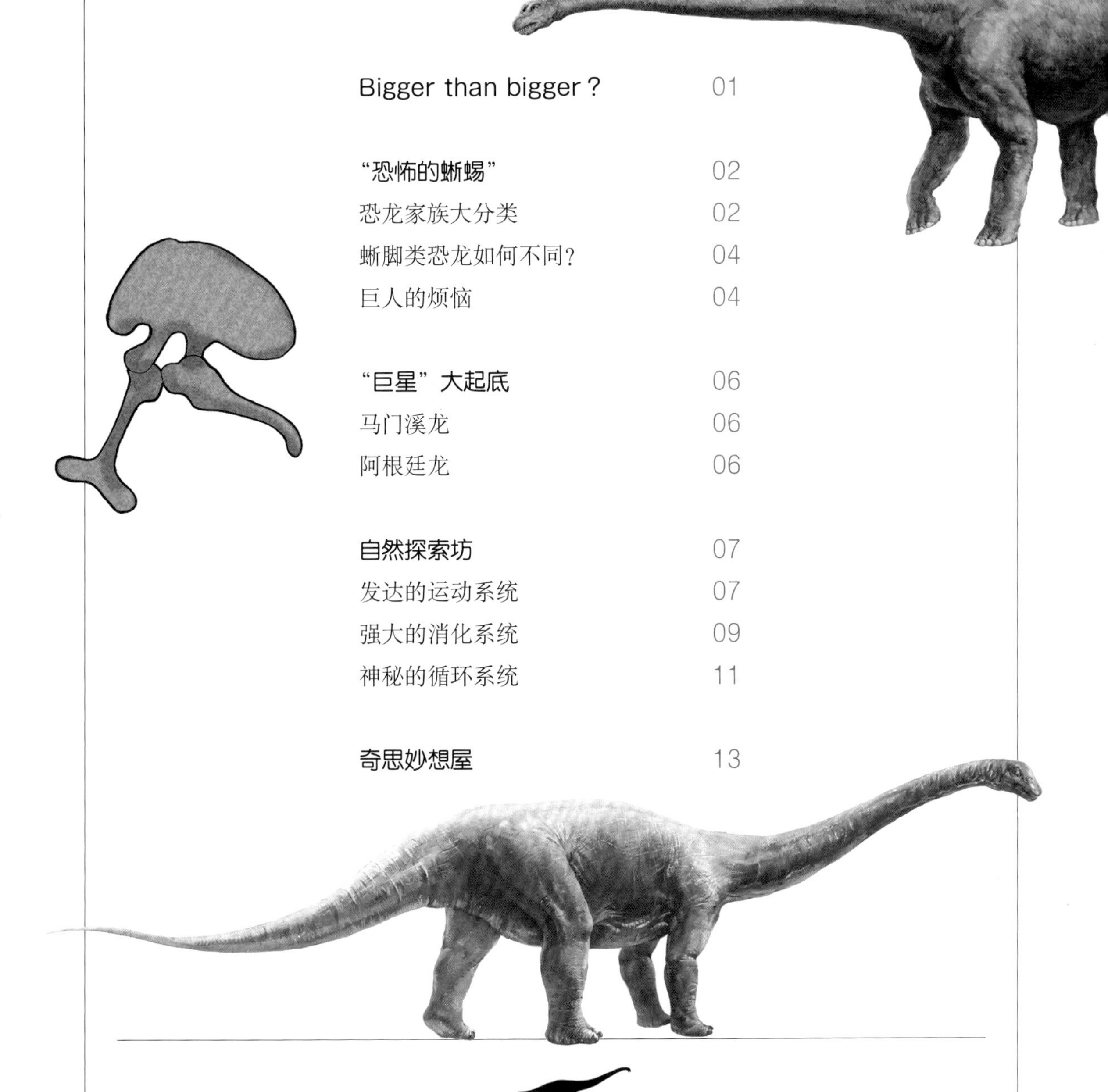

Bigger than bigger?

让我们先来看一组现生动物的体检报告：雄性非洲象，体重4700～6000公斤，当之无愧的陆地上最重的动物；雄性长颈鹿，身高5～6米，堪称陆地上最高的动物。被这组数据惊呆了？为时过早！曾经统治地球长达1.6亿年的恐龙表示不服！身长超过20米，这对蜥脚类恐龙家族的成员而言简直小菜一碟，平均体重12吨不是梦，没有最大，只有更大！更有甚者，科学家推测阿根廷龙的体型直逼地球上最大的动物——蓝鲸！

▲ 动物体型对比

“恐怖的蜥蜴”

这个蜥脚类恐龙家族听起来好像很厉害的样子，它们到底是何方神圣？这还得从恐龙家族分支繁杂的“家谱”说起。

恐龙家族大分类

- 一般来说，依据腰带构造的差异，恐龙家族被划分成两个族群：**蜥臀目**和**鸟臀目**。

- **蜥臀目恐龙**的腰带从侧面看属于三射型，耻骨在肠骨下方向前延伸，坐骨后伸，组成一个三角架，与蜥蜴相似。蜥臀目恐龙一般四足行走，行动稳健，包含**蜥脚亚目**和**兽脚亚目**两个分支。

- **鸟臀目恐龙**的腰带从侧面看是四射型，肠骨前后都大大扩张，耻骨与坐骨平行排列，还发育出一个大的前突起，伸向肠骨下方，整体结构像长方形，与鸟类较接近。鸟臀目恐龙具备善于奔跑、行动敏捷的条件，包含**鸟脚亚目、剑龙亚目、甲龙亚目、角龙亚目**和**肿头龙亚目**五个分支。

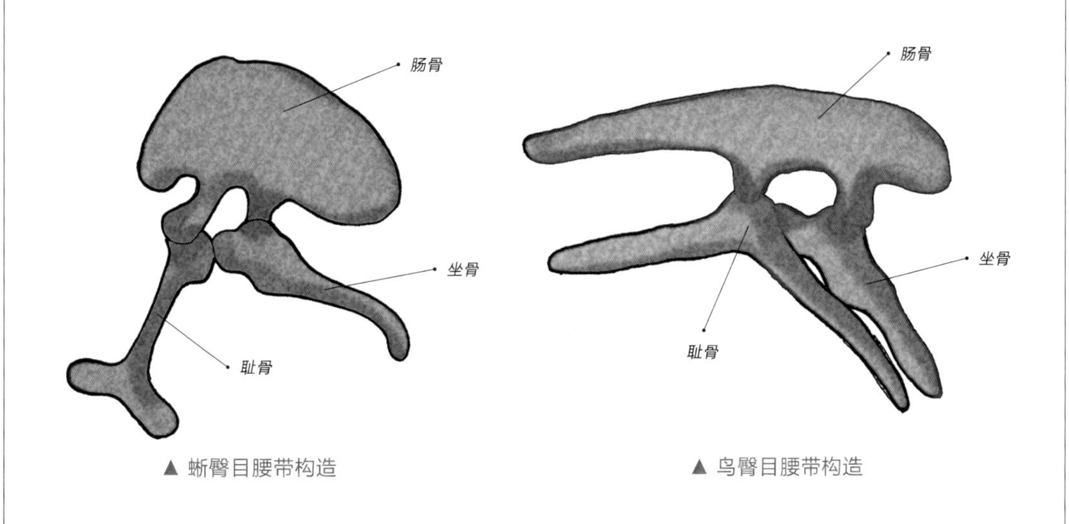

▲ 蜥臀目腰带构造　　▲ 鸟臀目腰带构造

● 为了更清晰地了解恐龙家族的盛况，不妨来绘制一张恐龙家族的分类谱系图吧！根据上面的提示先完成填空，再用曲线把支点连起来。

▲ 恐龙族谱

蜥脚类恐龙如何不同?

● 蜥臀目下的蜥脚类恐龙堪称整个恐龙家族中最引人注目的一支，恐龙中最大、最长、最重的属种全部包括在此类中。它们大多四足行走，以便把庞大身体的重量分散到四个宽大的脚掌上，减小压强，提高在松软地面上行进的能力。它们还长有较长的颈部，不用过多移动庞大的身躯就能在大范围内觅食。口中勺状或棒状的牙齿十分适合切断植物枝叶，从而帮助它们快速连续进食。拥有巨大的鼻孔是蜥脚类恐龙增大呼吸吞吐量的秘诀，从而用来供应庞大身躯的生命活动所需。

● 众所周知的马门溪龙、迷惑龙、腕龙、梁龙、超龙、阿根廷龙、蜀龙、峨眉龙、黄河巨龙等，都属于蜥脚类恐龙。

■ 易碎双腔龙 *Argentinosaurus fragllimus*
■ 阿根廷龙 *Argentinosaurus huinculensis*
■ 超龙 *Supersaurus vivianae*
■ 哈氏梁龙 *Diplodocus hallorum*
■ 波塞东龙 *Sauroposeidon proteles*

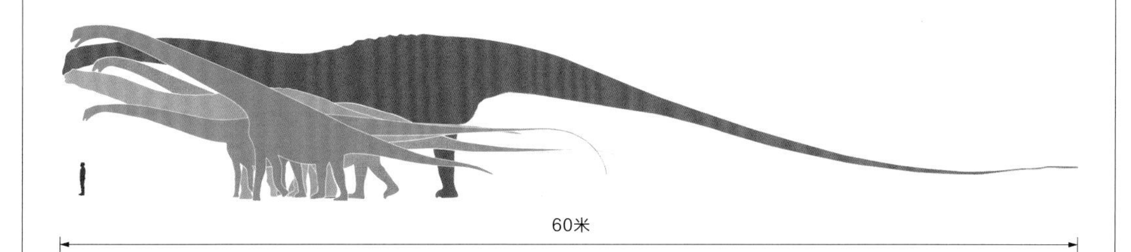

▲ 蜥脚类恐龙体型对比

巨人的烦恼

● 尽管蜥脚类恐龙拥有令人望而生畏的巨大体型，但它们也有无处诉说的烦恼。比如，它们的呼吸系统就面临着严峻考验，要知道那么长的脖子，喘上一口气也是相当不容易的！科学家们通过研究现生爬行动物，发现除了龟以外都是靠肋间肌的收缩来改变体腔的体积，从而吸入空气的。龟类则是通过

肋间肌的收缩来控制空气的吸入与排出。那么，作为古爬行动物的蜥脚类恐龙又会采取什么样的呼吸方式呢？下面给出了四种动物的呼吸方式，你能得到什么启示？不妨大胆猜测一下吧！

◆ **提示**：化石证据显示蜥脚类恐龙的颈椎多气囊，瓣膜系统也很发达，这既有助于呼吸，也减轻了长脖子的重量，方便身体的平衡。

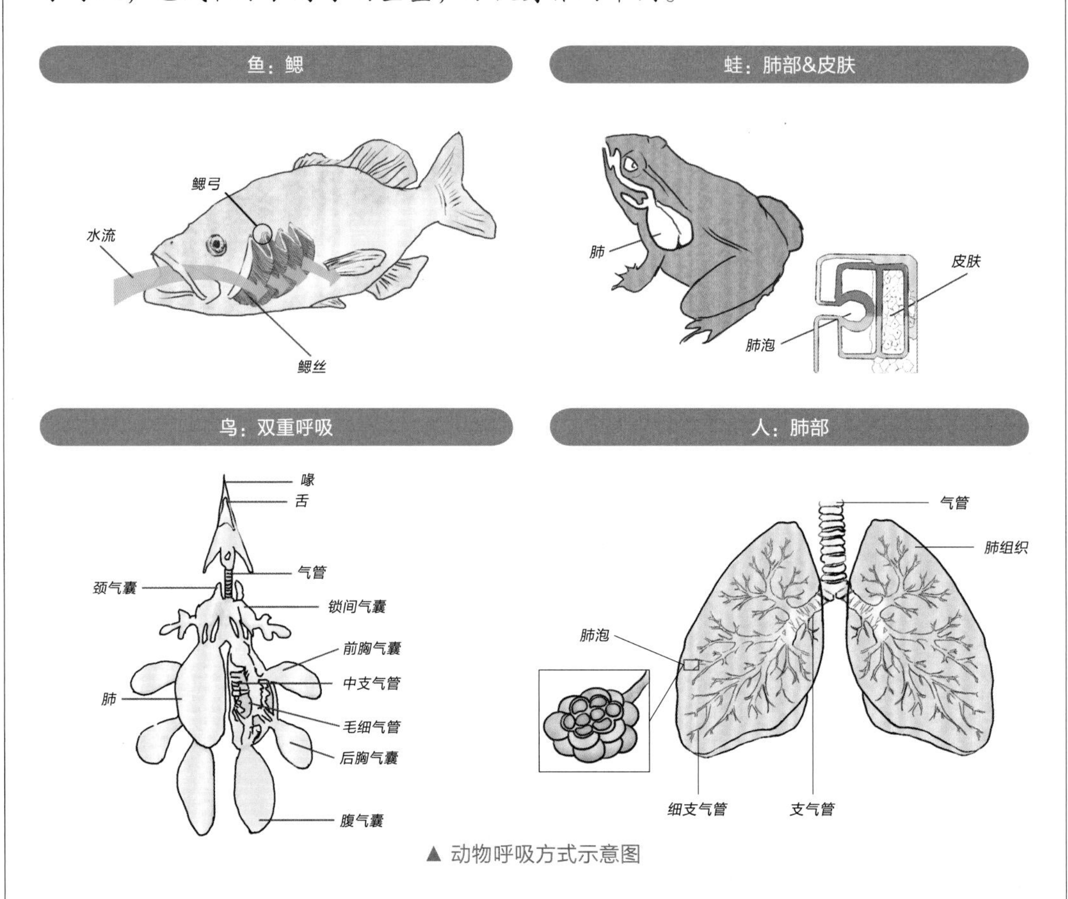

▲ 动物呼吸方式示意图

● 除了呼吸这项任务充满挑战外，“巨人”的运动系统、循环系统、消化系统也面临重重考验。要知道身体结构与生理功能是牵一发而动全身的，需要相互配套演化才能达到对环境的最佳适应。蜥脚类恐龙饱食终日无所事事，会遇到体重超标的问题吗？当它们遇到肉食性恐龙又该如何自保？是快速奔跑甩掉追兵，还是倚仗庞大身躯来一场力量较量？为了把血液运送到3米高处的大脑，长颈鹿拥有一颗重达12公斤的大心脏，那么身高十几米的蜥脚类恐龙又会有怎样的心脏？它们会得高血压吗？要想知道这些问题的答案，那就继续往下看吧！

“巨星”大起底

马门溪龙

- **分类：** 马门溪龙科马门溪龙属
- **出现时间：** 侏罗纪晚期
- **发现地：** 亚洲（中国）
- **体长：** 约22米
- **特征：** 18~19节颈椎，脖子长度可达体长的一半
- **恐龙之最：** 脖子最长（约15米），颈肋最长
- **参观指南：** 上海自然博物馆合川马门溪龙、中加马门溪龙

阿根廷龙

- **分类：** 南极龙科阿根廷龙属
- **出现时间：** 白垩纪晚期
- **发现地：** 美洲
- **体长：** 30~40米
- **特征：** 体大、腿粗
- **参观指南：** 上海自然博物馆乌因库尔阿根廷龙

自然探索坊

挑战指数： ★★★★☆

探索主题： 蜥脚类恐龙巨大体型的奥秘——运动系统、消化系统、循环系统

你要具备： 数学计算与动手能力

新技能获得： 解决问题的能力

发达的运动系统

● 蜥脚类恐龙堪称恐龙界的长腿欧巴，它们的真实身高始终是一个谜。要知道很多情况下，骨骼都无法全部保存下来，幸存的化石便成为古生物学家推断整个身体高度的仅存线索。如果你是古生物学家，你会如何推测蜥脚类恐龙的身高？又该如何获知它们的运动速度？不妨先来做个简单的测算吧！

材料准备：

□ 卷尺　□ 计算器　□ 纸笔

接下来，让我们以自己的身体为例，来解开恐龙形体之谜！

测步幅：

请你以正常的步子行走5步，然后运用公式计算出步幅：步幅（厘米）= 行走距离（厘米）÷ 步数（5）

测股骨长度：

股骨是指从髋臼延伸到膝盖骨的单根大骨。

推断身高：

推算公式为：

身高=81.58 +（股骨长度）× 1.85 ± 3.74

● 邀请小伙伴或者家人一起参加游戏，根据以上公式和测量方法，完成表格。

组员	步幅（厘米）	股骨长度（厘米）	推算身高（厘米）	实际身高（厘米）

● 根据测算数据，你发现步幅、股骨长度和身高之间存在什么联系？把你的发现写下来吧！

● 如果你是古生物学家，你会如何推算恐龙的身高与行走速度？
（**提示**：可以借鉴上面的方法，也可以突破常规大胆假设！）

延伸阅读

科学家们通常根据足迹化石来计算恐龙奔跑的速度。经过对大量动物奔走速度与跨步关系的研究，科学家发现动物的速度与步长成正比，与腿长成反比。通过模拟分析，科学家测算出肉食性恐龙的行走速度大约是6～8.5千米/时，植食性恐龙的行走速度约为6千米/时。

强大的消化系统

● 蜥脚类恐龙是素食者，众所周知，植物是低热量的食物，因此植食性恐龙的食量一定比肉食性恐龙大得多。你知道非洲象吗？它们每天要花费18个小时来进食，蜥脚类恐龙比非洲象还要庞大得多，这得花多少时间在取食上啊！大恐龙们又该如何提高取食和消化的效率呢？让我们还是从实验入手吧！

● 首先，你需要找到如下实验材料：□ 秒表 □ 计算器 □ 苹果 □ 纸笔

● 接下来，邀请小伙伴或家人一起愉快地吃苹果！请按正常的速度吃，并将数据填入下表：

组员	吃完一口苹果的时间（秒）	吃完一个苹果的时间（秒）
平均值		

● 假如蜥脚类恐龙也吃苹果，一个中等大小的苹果含大约80卡路里的热量，一个体重40千克的青少年一天需要2000卡路里热量，请将计算结果填入下表：

动物	体重	一天所需苹果（个）	吃完所需时间（小时）
青少年	40千克		
蜥脚类恐龙	12吨		

● 你一定被计算结果惊到了对不对？更何况蜥脚类恐龙没有发达的臼齿来完成咀嚼，而植物叶子的能量比苹果更低。为了适应巨大的体型，蜥脚类恐龙的取食和消化又会有什么样的特点？不妨参照现生动物的消化方式来大胆猜测一番吧！

（**提示：**哪些动物爱吞小石子？）

延伸阅读

蜥脚类恐龙因为牙齿和颌没有足够的力量去咀嚼吃进去的大量植物纤维，便采取囫囵吞枣的方式，先将食物吞下，再利用胃石将食物磨碎。胃里的细菌则帮助营养分离，以促进消化吸收。

神秘的循环系统

● 蜥脚类恐龙都是出了名的长脖子，要把血液输送给遥远的大脑，绝对是个技术活。心脏作为“血液搬运工”，每天24小时工作，终身无休，真可谓兢兢业业，任劳任怨。那么，蜥脚类恐龙的心脏究竟有多大？心跳是快还是慢？让我们用实验数据来说话！

● 首先，你需要找到如下实验材料：

☐ 秒表　　☐ 计算器　　☐ 纸笔

● 接下来，邀请小伙伴或家人一起参加实验，用秒表测量大家在两种状态下的心率，并算出平均值。

（**小提示**：心率是指心脏跳动的频率，即心脏每分钟跳动的次数。）

小组成员	休息不动时心率（次/分钟）	运动1分钟后心率（次/分钟）
平均值		

● 关于心率你发现了什么？

● 结合心率数据，再对照下表，思考心率和体型之间是否有规律可循，两者之间有什么关系？

动物	平均心率	心率和体型的关系
蜂鸟	250次/分钟	
非洲象	30次/分钟	
蓝鲸	20次/分钟	
人类新生儿	110次/分钟	
人类成年人	70次/分钟	

● 蜥脚类恐龙巨大的体型会给心脏带来哪些“工作难度”？心脏需要具备哪些适应特点？

● 根据实验总结的规律或你知道的规律，大胆推测蜥脚类恐龙的心脏特点吧（如心率、大小等）！

延伸阅读

蜥脚类恐龙的心脏应该非常大，与人类和鸟类心脏类似，也是四个心室，而且心率很慢。可能还有多个次级的辅助“心脏”，每个“次级心脏”把血液泵送到下一个“次级心脏”，如此接力传送。

奇思妙想屋

● 电影《侏罗纪世界》向大家展示了融合不同种恐龙DNA的“混血儿”的威力。那么，你心目中最厉害的恐龙又是什么样的呢？拥有蜥脚恐龙般庞大的身躯？拥有科莫多巨蜥般灵敏的舌头？请根据现生动物设计你的专属恐龙吧，还可以拍照上传至上海自然博物馆官网以及微信“兴趣小组—自然趣玩屋”，和小伙伴们一起分享交流哦！

ZIRANQUWANWU
自然
趣玩屋

叶子真奇妙
岩石变变变
洋流异闻录
安能辨我是雄雌
认识昆虫
植物种子的传播
恐龙皮肤猜想
生命的密码——DNA
鸟蛋的秘密
昆虫世界的"伪装大师"
神奇的蒸腾作用
科学家的恐龙拼图
十厘米的宇宙
鸟儿是如何适应飞行的
我为甲虫狂
餐桌上的外来种
生命的历史
手
鸟之巢
我们要远离的虫子
探秘荷叶效应
世界上最大的恐龙
——形体背后的科学
珊瑚岛培育日记
奇特的千足百喙
蝶还是蛾？
穿着"玻璃外衣"的硅藻
地球的圈层
蛛网侦察兵
发光动物的生存之道
蝴蝶变形记

世界上最大的恐龙

——形体背后的科学

总 顾 问　左焕琛

策划顾问　王莲华　王小明　梁兆正　姚　强

主　　编　顾洁燕

本册文字　朱　莹

绘　　图　徐梦逸　谢伯澜

活动创意　顾洁燕　徐　蕾　鲍其洞　刘漫萍

李必成　师瑞萍　王　瑜　刘　楠

娄悠猷　徐缘婧　杭　欢

统　　筹　余一鸣

责任编辑　芮东莉　黄修远

美术编辑　肖祥德

上海自然博物館
Shanghai Natural History Museum
上海科技馆分馆
Branch of Shanghai Science & Technology Museum

上架建议：青少年科普

ISBN 978-7-5444-7340-8

9 787544 473408 >

易文网：www.ewen.co

定价：15.00元

上海教育出版社
官方微信平台